快读慢活

陪 伴 女 性 终 身 成 长

女子头发养护术

[日]齐藤璃　浜中聪子 编著

李中芳 译

天津出版传媒集团
天津科学技术出版社

50代からの髪がみるみるよみがえる！美髪ケア大全

© SHUFUNOTOMO CO., LTD. 2021

Originally published in Japan by Shufunotomo Co., Ltd

Translation rights arranged with Shufunotomo Co., Ltd.

Through FORTUNA Co., Ltd.

经授权，北京快读文化传媒有限公司拥有本书的中文简体字版权

天津市版权登记号：图字02-2023-067号

图书在版编目（CIP）数据

女子头发养护术 / （日）齐藤璃，（日）浜中聪子编

著；李中芳译 . -- 天津：天津科学技术出版社，

2024.5

ISBN 978-7-5742-1958-8

Ⅰ.①女… Ⅱ.①齐… ②浜… ③李… Ⅲ.①女性—

头发—护理 Ⅳ.① TS974.22

中国国家版本馆 CIP 数据核字 (2024) 第 070049 号

女子头发养护术

NÜZI TOUFA YANGHU SHU

责任编辑：陶　雨

责任印制：兰　毅

出　　版：天津出版传媒集团

　　　　　天津科学技术出版社

地　　址：天津市西康路35号

邮　　编：300051

电　　话：(022) 23332400

网　　址：www.tjkjcbs.com.cn

发　　行：新华书店经销

印　　刷：天津联城印刷有限公司

开本 880×1 230　1/32　印张 5　字数 80 000

2024年5月第1版第1次印刷

定价：58.00元

前言

一过30岁，我们就不得不面对一些曾经无须担心的头发问题。比如，发量在下降，打理头发却需要花更多时间；发际线越来越高，发缝或发旋处日渐稀疏；白发悄然增多，让人倍感压力……

这时我们最不应该做的，就是告诉自己"很正常，到这个年纪了，就这样吧"，然后放任不管。

不管处于哪个年龄段，头发都是决定一个人气质的关键因素之一。平时注意养护头发，不仅会让我们显得更年轻、更精致，还能焕发热爱生活的精神状态。相反，疏于养护头发则会给人留下疲于生活的消极印象。

无论是谁，多多少少都会有些头发方面的烦恼。事实上，随着年龄的增长，每个人的头发和头皮都会发生变化。

当我们意识到这些问题时，应该马上行动起来，守护、保养自己的头发。只要我们愿意付出努力，无论从多少岁开始养护，发质都会有所改善。因此，不如现在就开始改变，防止头发继续受损，让发质变得越来越好吧！

　　本书的作者有两位，一位是头发领域的专家——毛发诊断医师齐藤璃老师，另一位是头发及头皮领域的专科医生浜中聪子老师。本书主要关注女性的头发问题，介绍各种简单易行的养护头发的方法。与此同时，本书也会针对不同的发质，推荐合适的发型。相信各位读者朋友一定能在本书中找到令自己称心如意的发型和头发养护方法。
　　最后，希望本书能帮助每一位女性都拥有一头美丽的秀发！

目录

第1章
让头发焕发生机的养护基础

第2章
掩盖发质问题的“减龄”发型

第3章

轻松解决发量少的烦恼

第4章
巧妙应对白发困扰

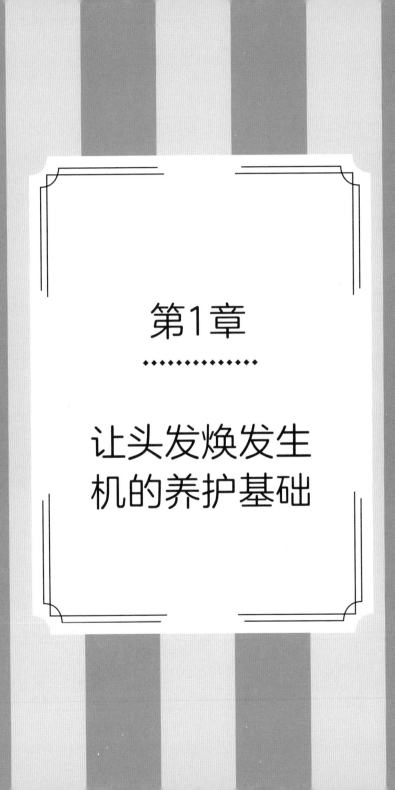

第1章

●●●●●●●●●●●●●

让头发焕发生机的养护基础

女性的形象，发型是关键

* 选对发型，轻松"减龄"

* 精心打理的头发，会给人带来清爽利落的感觉

* 头发养护，越早越好！
  坚持养护，发质会越来越好

俗话说"人的形象，八成靠发型"。可见头发对于个人形象的重要性。随着时代的发展和美发观念的转变，人们对头发的关注点已经从"梳一个漂亮的发型"转变为"对头发本身的养护是否到位"及"发量多更显年轻"等。

的确，一头光泽的秀发能让我们轻松"减龄"，再加上精心打理的发型，会给人留下清爽利落的成熟女性的美好印象。

但随着年龄的增长，很多女性都会面临头发变细、发量减少或脱发等各种烦恼，还有不少人会因不知道哪种发型更适合自己而一筹莫展。事实上，大部分人的发质都会在30岁后骤然变差，而且这种趋势会一年比一年明显。

如果我们对发质变差置之不理，那么这种情况只会越来越严重。千万记住，养护头发越早越好！只要每天多花一点小心思在头发的养护上，就一定可以改善发质变差的状况。本书后文将针对不同的头发问题介绍具体的头发养护方法，以及可以"掩盖"发量减少等烦恼的发型。请大家一定要试一试！事不宜迟，赶紧开始行动吧！

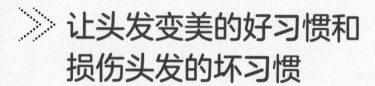

让头发变美的好习惯和损伤头发的坏习惯

* 不良生活习惯，会加速头发衰老

* 在日常饮食中摄入充足的蛋白质、维生素和矿物质

* 压力会对头发产生很大的影响

想拥有一头秀发，一定要在日常生活中给头发补充营养，同时减少对头发的损伤。首先，大家不妨检查一下目前的生活状态，看看有没有做到以下几点。

□ 每顿饭摄入充足的蛋白质。

□ 饮食中富含维生素和矿物质。

□ 尽量不吃深加工食品。

□ 不吃甜食。

□ 内心松弛，没有压力。

□ 尽可能地避免紫外线对头发的损伤。

如果大家在生活中能做到以上几点，那么基本上头发就不会出现问题。但在实际生活中，我们很难全部做到。

蛋白质是头发的重要组成成分。但蛋白质会优先用于肌肉和骨骼的生长，之后才用于头发的生长。因此，每顿饭都要摄入充足的蛋白质，这样头发才能获得足够的营养。建议一天所食用的鱼类、畜禽肉类和豆制品的量要达到两手并拢，一捧可以托起的量。此外，维生素和矿物质也是拥有一头秀发所必需的营养物质。这些营养物质都事关头发的健康，大家应当重视起来。

随着年龄增长，毛鳞片和头皮会发生变化

* 毛鳞片会变薄

* 外界刺激会导致毛鳞片紊乱

* 头皮会变薄，无法充分吸收营养

毛鳞片和发根

正常毛鳞片的状态

毛鳞片紊乱状态

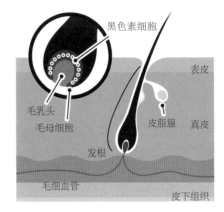

头发生长需要从发根吸收营养。血液循环不畅和毛孔堵塞都会阻碍头发的生长。头皮变薄后发根的形状也会变得不规则，影响营养的吸收。

　　紫外线和吹风机的热风等外界刺激会损伤头发，在这些刺激下，毛鳞片会剥离并变薄，或者变得不规则。

　　原本毛鳞片的主要作用就是保护头发免受外界刺激。当其无法发挥作用时，头发就会受到更大的损伤。**毛鳞片一旦剥离，就难以修复。大家一定要注意吹风机的热风对头发的损伤。**

　　随着年龄增长，头皮会变薄或变干燥，进而导致营养无法完全送达头发。因此，精心地养护头皮是很重要的。

》》随着年龄增长，有些人的发质也会发生改变

* 发质硬、不服帖的人，要重视头发的质感

* 发质软的人，要重视头发的弹性和韧劲

* 无论哪种发质，都要注重促进头皮的血液循环

人的发质和发量都会随着年龄增长而发生改变。

发质硬的人，常会遇到头发不服帖、毛糙、发缝清晰可见等烦恼。因此，需要进行一些既能改善头发质感，又能改善头发毛糙等问题的头发养护。

而发质软的人，头发较细且缺乏蓬松感，建议进行一些能修复头发、增强头发弹性和韧劲的头发养护。发质软的人还容易有发量少的烦恼。除年龄因素外，紫外线和染发等外界刺激也会影响头发的生长或导致头发日渐稀疏。随着年龄增长，发缝会越发明显，发际线也会越来越高。除此之外，在雄激素的刺激下，皮脂分泌会变得旺盛，一旦毛孔堵塞，就会影响头发的生长。因此也要注意保持头皮的清洁，防止毛孔堵塞。有时即便头皮很干燥，皮脂也很容易堆积，所以头皮的清洁养护万万不可忽视，具体方法可参照第42—45页。

无论哪种发质，促进头皮的血液循环都是非常重要的一个环节。一旦头皮血液循环不畅，营养就无法完全送达头发，头皮环境也会变差，容易导致脱发。大家可以试试用指腹按压头皮。如果头皮紧绷，就说明血液循环不太顺畅。不妨在每日护理头发时也做一下头皮按摩，这样就能很好地促进血液循环。

常梳头对头发有好处！
不妨早、中、晚各梳一次

* 早晨定型前梳一次头

* 中午空闲时梳一次头

* 晚上洗头发前梳一次头

早、中、晚梳头要点

 早晨　在定型前梳一次头。

 中午　闲暇时梳一次头。
　　　卷发的人稍稍整理一下发型即可。

 晚上　洗头发前梳一次头。
　　　要仔细地梳头，去掉头皮和头发
　　　上污垢的同时，梳开打结的头发。

　　大家每天早、中、晚都坚持梳头吗？估计很多人都是早晨和晚上梳一次头，中午一般不梳。

　　梳头是头发养护的基础。梳头时头皮中的油脂可以滋养头发，让头发富有光泽。不仅如此，梳头还可以刺激头皮，促进血液循环。晚上梳头可以去除头皮和头发上的污垢，梳开打结的头发，减少掉发。

　　梳一次头用不了多长时间，再忙碌的人也应忙里偷闲，慢慢养成经常梳头的习惯。关于造型梳和单排梳的选择，以及梳头方法请分别参照第12—15页和第16—17页。

你的造型梳或单排梳
是否真的适合自己

* 价格低的梳子也无妨，
  建议备齐各种用途的梳子

* 如果觉得造型梳不好清理，
  可以定期更换

* 不同发质，应使用
  不同的造型梳

造型梳种类多样，大家可以根据自己的发质和用途分开使用，这样养护头发的效果也会更好。建议选择携带方便又适合自己发质和头皮状况的造型梳。不一定要买价格高的产品，重要的是备齐各种用途的梳子。

梳头时建议首选气垫梳。选择不伤头皮、梳齿顶端为圆球形的产品。如果发量偏少，想要打造蓬松感，可以选择排骨梳。

用吹风机整理发型时，可以选择九排梳或圆筒梳。想把发根吹蓬松时，可以把发根往上挑并轻轻拉拽。同时按照先暖风后冷风的顺序给头发定型。

想要增加头发光泽度，动物鬃毛材质的造型梳是最佳选择。发质较硬或干燥时，可用偏硬的猪鬃梳子。这种梳子虽说毛质较硬，但内含油脂，能让头发看上去更有光泽。头发细软且容易打结，建议选择偏软的猪鬃梳子；而尼龙混猪鬃材质的梳子梳头发时则更顺滑一些。

此外，还有可用作头皮按摩的大板梳、卷发用的宽齿单排梳、适合染发时涂抹染色剂的单排梳，以及将头发分束时常用的细柄单排梳。当然，还可以多备几把不同用途的单排梳，以备不时之需。

推荐使用的造型梳和单排梳

气垫梳

　　鬃毛或塑料梳齿的根部为软垫，触感轻柔，可以起到按摩头皮的作用。建议早晚梳头发时使用。

九排梳

　　梳齿呈半圆形分布，常用于把发根吹直。也可用于吹风时整理发型或将头发分束。

排骨梳

　　梳子底部透气性好，梳齿较稀疏。建议用吹风机吹干头发或发量偏少的人梳理头发时使用。

动物鬃毛梳

　　偏硬的猪鬃梳子适合硬发质，偏软的猪鬃适合软发质。尼龙混猪鬃材质的梳子梳起来更顺滑，同样值得推荐。想要增加头发光泽时可用此梳。

圆筒梳

　　打造蓬松发型或想把发根吹直时使用。包含细筒梳、动物鬃毛和尼龙材质的梳子等多种款式。

大板梳

　　大板梳较宽，非常适合护理头皮。木质或竹制的梳子不易起静电，推荐使用。建议选择梳齿顶部为圆球形的梳子。

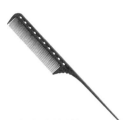  

细柄单排梳

细柄单排梳多在将头发分束或做造型时使用。黄杨树等天然木材不易起静电，梳发时比较顺滑。

木质单排梳

小巧便携，外出打理头发时使用。木质梳子不易起静电。

宽齿单排梳

用宽齿梳代替手指拢发。适合整理卷发或打造立体感的发型时使用。也可在护理头发时使用。

不同发质适用的梳子（无须全部备齐）

造型梳&单排梳	硬发质	软发质	卷发
气垫梳	●	●	●
九排梳	●		
排骨梳		●	●
动物鬃毛梳	●	●	
圆筒梳	●	●	●
大板梳	●	●	●
细柄单排梳	●	●	●
木质单排梳	●	●	
宽齿单排梳			●

造型梳需要定期清洁

为了保证头皮和头发的洁净，一定要经常清理造型梳。

清洗方法如下：

在洗脸盆中倒入热水，并加入少量洗发水，充分起泡后将造型梳或单排梳放入其中涮洗。清洗干净后将水甩掉并晾干。

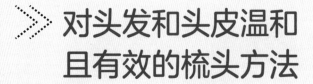

对头发和头皮温和
且有效的梳头方法

* 梳头时力道要适中，尽量避免梳齿顶端与头皮直接接触

* 等头发干后再梳

* 逆着头发生长方向梳

早晚梳头方法

1 从发际线到头顶轻柔地梳头，促进血液循环。

2 将后面的头发拢到前面，从颈部发根处梳到头顶。

3 再将头拨开来横向梳理。从耳朵上方或耳后梳到后脑勺。

4 从上往下梳头，整体理顺头发。

5 早晨梳头时，最后要用动物鬃毛梳梳头，增加头发的光泽感。

一定要等头发干了以后再梳理头发。头发湿漉漉时梳头，会对毛鳞片造成损伤。

有些人为促进头皮的血液循环，会增大梳头的力道，这样反而容易对毛鳞片造成损伤。建议梳头时力道适中，感觉舒服即可。可以按照上方步骤1至步骤4的顺序，早晚认真仔细地梳头。

对于烫了卷发的人，同样建议要早晚梳头。早晨梳头后，喷少量水在头发上面，然后定型。如果早晨时间紧张，至少要保证晚上仔细地梳一次头。

17

拥有一头秀发的第一步：使用适合自身发质的洗发水

* 确认洗发水的成分

* 发质硬的人，建议选择添加了油性成分和保湿成分的洗发水

* 发质软的人，建议选择清洁能力更强的洗发水或洗发皂

大家购买洗发水时一定要确认成分。

发质硬的人头发粗而硬，常会遇到头发不服帖、毛糙等问题。头发受损或本身带自然卷时，容易失去光泽。因此，建议选择既能使头发柔软，又能让头发服帖且增加光泽的洗发水。在富含保湿效果极佳的氨基酸或甜菜碱这两种成分的洗发水中，建议选择另添加了油性成分（山茶花油、荷荷巴油、牛油果树果脂或角鲨烷等）或保湿成分（甘油、神经酰胺或水解玻尿酸等）的洗发水。头发暗淡无光，则建议选择另添加了硅油（二甲硅油、硅酮或环戊硅氧烷等）的洗发水。

发质软的人头发细软扁塌，头皮角质层和头发的蛋白质密度较低，缺少弹性且缺乏蓬松感。用只含氨基酸的洗发水无法起到显发量的效果。因此，建议选择另添加了清洁效果更佳的成分（烯烃或磺基琥珀酸酯等）的洗发水或洗发皂，让头发从发根开始蓬松。此外，无硅油洗发水中添加了让头发变顺滑、增加头发的弹性和韧劲的二甲基二烯丙基氯化铵，发质软的人可以试试，有机洗发水也值得一试。

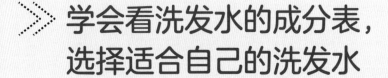

学会看洗发水的成分表，选择适合自己的洗发水

* 洗发水并不是用于洗头发，而是用于清洗头皮

* 头皮上的污垢清洗干净了，头发自然也就干净了

* 头皮环境不佳，就会反映在头发上

洗发水成分的清洁能力强弱一览

弱
- 甜菜碱系列（椰油酰胺丙基甜菜碱、月桂酰胺丙基甜菜碱、椰油基两性醋酸钠等）
- 氨基酸系列（椰油酰谷氨酸钠、椰油酰甘氨酸钾、月桂酰肌氨酸钠、月桂酰基甲基氨基丙酸钠等）

强
- 磺基琥珀酸酯系列（月桂醇磺基琥珀酸酯二钠）
- 烯烃系列（磺酸基类，C14—16烯烃磺酸钠）
- 高级脂肪酸盐系列（钠皂、钾皂、月桂酸钠等）
- 硫酸系列（月桂醇醚硫酸钠、十二烷基硫酸钠等）

　　头皮环境不佳，就无法长出健康的头发。头皮上会附着皮脂等污垢，只有用洗发水洗头，保持头皮的清洁，防止毛孔堵塞，才能消除各种头发烦恼。不过，大家在使用洗发水时要意识到不是在洗头发，而是在清洗头皮。洗头时，在头发上均匀地涂满洗发水打发后的泡沫即可。

　　建议大家根据上述洗发水成分清洁能力的强弱，参照第18—19页和第24—25页的注意事项来选择洗发水。等到头皮或头发的情况好转后，再选择使用其他洗发水。

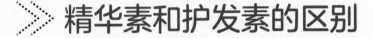

精华素和护发素的区别

* 精华素修复头发的效果更佳

* 护发素只能作用于头发表面

* 不论哪种产品，都要从距离发根5 cm处开始涂抹

　　简单来说，精华素和护发素的区别主要在于对头发的修复效果上。精华素可以从头发深层修复头发，并起到保湿效果；护发素则只有很少的成分能够渗透到头发里，产品通常质感轻盈，会在头发表面形成一层保护膜。建议大家根据自身头发的状态进行选择。使用这些产品时，都只需要简单地涂抹在头发上，并且从距离发根5 cm处开始涂抹。超短发的人只需将少量（约1泵）的精华素或护发素混入少量热水，然后再均匀地拍在头发上即可。

　　发质较硬的人，建议使用含硅油或其他油性成分较多的护发素。这类产品可以让头发变柔顺，也能在头皮表面形成更多的保护膜。而添加硅油或油性成分的精华素则能让头发更服帖。头发受损的人，可以选择能够保护毛鳞片且让头发变得更顺滑的含硅油产品。

　　头发细软的人使用精华素后会显得缺乏蓬松感。洗头时，建议以使用护发素为主，每周使用1次精华素即可。同时，可以选择添加了保湿成分（氨基酸、神经酰胺、PCA-Na等）或修复成分（水解角蛋白、水解丝等）的精华素，深层滋养头发，从内部提升头发的弹性和韧劲。

针对不同头发问题的洗发水和精华素成分一览表

头发问题	原因	要点
头发受损、干枯、无光泽	与染发、烫发、紫外线等外界刺激有很大关系。出现这些问题后，头发的毛鳞片易脱落，头发内部的蛋白质也容易流失。此外，保护毛鳞片的脂质成分"18-MEA"容易流失，会导致头发干枯、无光泽。	建议使用清洁能力较温和、保湿、修复和油性成分较均衡的产品。
头发缺乏蓬松感、缺乏弹性和韧劲	与年龄增长导致的头发和头皮的老化，以及头发的受损有关。发根缺乏蓬松感一般是毛孔被油脂堵塞所致。	建议选择添加滋润头皮和增加头皮弹性成分，或增加头发弹性和韧劲成分的产品。
头发卷曲、毛糙	主要由头皮的弹性降低和油脂堵塞造成。有些则是由头发衰老或损伤引起的。	彻底清除毛孔油脂和污垢的同时，认真护理头发，滋养头皮和头发。此外，还要给头发补充足够的水分和油分，来保护头发。
脱发、白头发	与年龄增长导致的头皮、头发的老化有很大关系。此外，还与压力或生活习惯有一定关系。	建议选择添加了养护头皮成分的产品。比如，改善头皮环境的植物精华、抗炎成分和促进血液循环的成分等。不少生发洗发水和养护头皮的洗发水中都添加了以上成分。
头皮黏腻、有异味	头皮的污垢和油脂没有彻底清除，或者油脂分泌过多，导致发生氧化反应，还会导致头皮屑的产生。此外，和饮食及压力也有很大关系。	建议彻底清除头皮污垢，并实现油脂和水分的平衡。建议选择添加抗氧化成分和除异味成分的产品。

这里介绍得比较专业，因为洗发水和精华素所含的成分非常重要。为了拥有一头秀发，建议大家购买这些产品时务必先了解清楚各种成分。

洗发水	精华素
含有甜菜碱或氨基酸的高保湿洗发水。头发易打结时，建议选择添加硅油的洗发水。	选择添加修复成分（水解角蛋白、水解贝壳硬蛋白、胆甾醇羊毛脂酸酯等）、保湿成分（甘油、神经酰胺或胶原蛋白等）、油性成分（荷荷巴油等植物油或硅油等）的精华素。
选择清洁能力适中的洗发水（混合氨基酸、烯烃、磺基琥珀酸酯盐等）。头发容易堆积污垢的人，建议选择高级脂肪酸盐系列或碳酸洗发水等能够彻底清除皮脂污垢的洗发水。有些成分可以增加头发弹性，并保持头发湿润（如神经酰胺、玻尿酸、赖氨酸等氨基酸、蛋白聚糖、泛醇等），而有些高分子聚合物能打造蓬松感（如聚季铵盐-61、聚季铵盐-53、羟丙基纤维素等）。这些都可以试试。	硅油量多会让精华素有些厚重。因此，建议选择硅油含量较少或无硅油的护发素。此外，补充蛋白质成分（水解角蛋白、水解丝、水解贝壳硬蛋白、赖氨酸等），可以从内部改善头发的弹性和韧劲。
推荐使用能够彻底去除头发污垢的洗发皂和清洁能力较强的洗发水。皮肤干燥的人，要使用以氨基酸系列成分为基底的洗发水，每周几次和其他种类的洗发水换着用。建议配合使用添加滋润头发和头皮的保湿成分（神经酰胺、玻尿酸、豆乳发酵液、精氨酸等）或添加植物油的洗发水。	头发卷曲不服帖，要同时进行内部的修复和外部的保护（形成一层保护膜）。以下成分可以起到这些作用：水解角蛋白、二(月桂酰胺谷氨酰胺)赖氨酸钠、聚季铵盐-51、羟丙基三甲基氯化铵透明质酸、聚二甲基硅氧烷等。
根据头皮状况选择清洁成分。头皮干燥的人，建议选择氨基酸系列洗发水；头皮黏腻的人，建议选择洗发皂或混合了磺基琥珀酸酯盐和硫酸盐成分的洗发水。推荐使用添加了具有抗炎作用的甘草酸二钾，以及有助于改善头皮状况的泛醇和富里酸（腐殖土提取物）等物质的洗发水。	染发的人头皮偏碱性且容易受损，应当进行充分的保湿和修复。起到这些作用的成分包括正铁血红素和芥酸内酯等。
添加了高级脂肪酸盐或清洁能力较强的洗发水，能够彻底清洗头皮。推荐使用添加了矿物土或炭的洗发水。选择具有抗炎作用（甘草酸二钾、吡啶硫酮锌）、抗氧化作用（抗坏血酸四异棕榈酸酯、虾青素、薄荷叶提取物）、除臭去味功能（柿子单宁、绿茶提取物等）的洗发水更佳。	精华素含硅油较多时，容易残留在头发和头皮上，并在头皮堆积污垢。推荐使用以阳离子为主要成分或无硅油的精华素。

彻底清除皮脂的高效洗发方法

* 一般每天都要洗头

* 不要在头发上搓泡沫

* 毛孔堵塞导致发量变少

头皮是身体各部位中皮脂分泌最旺盛的地方。大家不要因为随着年龄增长，皮脂分泌减少，就减少洗头发的次数。一般建议每天都要洗头。冬天可以两天洗一次，夏天则需要每天都洗。油脂进入毛孔堆积起来后，就很难长出新的头发。由此可见，头皮和身体其他部位的皮肤其实是一样的，需要保持清洁（参照第42—43页的具体方法）。

不少人看到自己洗头发后掉了很多头发，就会很担心。实际上，每天掉80~100根头发都是正常的。长头发的人掉得会更多一些。如果担心脱发问题，那么建议使用添加了抗炎成分（甘草酸）或能促进血液循环的植物精华（龙胆草或姜）成分的头皮护理洗发水。

如果油脂很难清除，则建议尝试一下清洁型洗发水。但由于这种洗发水清洁能力较强，不太建议干性皮肤或敏感皮肤的人使用。敏感皮肤的人皮肤屏障功能较弱，可以使用添加了氨基酸的或成分比较单一的洗发水。

洗头发时，将洗发水直接涂在头发上来回揉搓泡沫的方法容易损伤头发。正确的洗发方法请参照下一页，请务必轻柔地清洗头发和头皮。

正确的洗发步骤

1 梳头发

先梳开打结的头发，从发际线往上梳，去除头发和头皮上的污垢（参照第17页）。

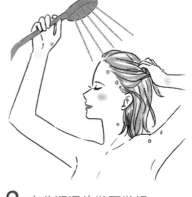

2 充分润湿头发至发根

拨开头发，冲淋头发1~2分钟直至润湿发根。也可用手掬起水，充分地拍在头发上。

3 用小瓶子混匀洗发水

长头发的人可以挤2~3泵洗发水，将其倒入小瓶子中。倒入3~4倍的热水并混匀起泡，然后将泡沫均匀地涂抹在头发上。

4 仔细地清洗头皮

用指腹呈Z字形轻推头皮，清洗油脂较多的区域。清洗脸部两侧头发时，要注意清洗干净头发边际附着的粉底液等。

5 打圈按摩，清洗整个头皮

用双手指腹像做按摩一样清洗整个头皮，一边小幅度打圈，一边清洗头皮。

6 轻揉头皮

双手指尖交叉，朝着头部中央从左右两侧揉搓清洗，让头皮充分放松。

7 轻轻提拉头皮

最后从发际线开始轻轻提拉头皮，让头皮变紧致。如果有清洗不到位的地方，需要用指腹呈Z字形轻推头皮。这样一来头发就能彻底清洗干净了。千万不要使劲地揉搓头发。

8 用水冲洗头发

要彻底地冲洗干净。让喷头垂直对着头部冲，将手指伸进头发里，轻拍头发让水充分进入头发。最后再整体冲洗一遍。

涂抹精华素，让营养物质渗透到内部

* 精华素只需涂抹在发尾

* 用毛巾擦干头发后涂抹

* 至少过2~3分钟后再冲洗干净

精华素的使用方法

1 用毛巾吸干水分

用干毛巾轻拍湿头发并吸干水分，注意不要用力摩擦头发。

2 把精华素涂抹在发尾

把精华素在手上揉搓均匀后，从发尾开始一直涂抹到受损处。如果头发已经受损，应多涂抹一些。

3 静置一段时间

如果头发已经受损，可以把步骤1用过的毛巾浸入40 ℃左右的温水中，拧干后裹在头发上保持5分钟左右。

4 冲洗头发

冲洗头发直至头发不黏腻为止。不过无须像洗头发时那样清洗得非常彻底。

洗完头发后再涂抹精华素。涂抹前，先用干毛巾轻拍湿头发并吸干其中的水分。这样效果会更好。这和使用护发素的步骤是一样的。

把精华素涂抹在发尾，距离发根5 cm之内的地方无须涂抹。将精华素涂抹在发尾后，可以在浴缸里泡个澡，至少静置2分钟再冲洗干净。

若头发受损比较严重，那么在涂抹精华素后，需要进行特殊护理。先把擦干头发用的毛巾浸入40 ℃左右的温水中，拧干后用毛巾裹住全部头发，然后保持5分钟左右后冲洗干净。

用毛巾充分吸干头发的水分后再使用吹风机

* 干发方法决定发型的好坏

* 使用旧毛巾可能会损伤头发

* 尽量不要让头发自然干

干发的方法非常重要。甚至可以说，干发的方法直接决定了发型的好坏。建议把头发从发根开始仔细地擦干，这样能让头发看上去蓬松有型。第二天早晨定型时也会更省事。

使用吹风机吹头发前，要用毛巾充分吸收头发上多余的水分。可以用毛巾包住头发，轻轻按压吸收，最后再将毛巾盖在头顶上，继续吸收水分。

为充分吸收水分，毛巾的两面都要用到。这时，尽量不要用力地摩擦头发，因为这样做会损伤毛鳞片。此外，旧毛巾容易产生摩擦，吸水性也比较差。因此，建议准备一条专门用来擦干头发的新毛巾。

虽说在护肤的时候也可以用毛巾把头发包裹起来，但如果一直包着头发，容易滋生杂菌，也有可能会产生异味。包裹头发的时间最长不要超过10分钟。

用毛巾吸干头发上的水分，是为了减少之后使用吹风机吹头发的时间，减少热气对头发的损伤。建议使用吸水效果好的超细纤维毛巾。

打造干发蓬松感的秘诀

* 吹风机距离头发至少15 cm

* 若头发损伤严重应使用发乳

* 先大致吹干头发，再重点分区吹

用毛巾吸干头发的水分后，再用吹风机迅速吹干。吹风机的热风对头发的损伤很大，因此，吹头发时吹风机与头发之间应保持15 cm以上的距离。现在市面上有很多能够将热风温度控制在70 ℃以下，并用强风将头发迅速吹干的吹风机。如果大家有更换吹风机的计划，不妨考虑一下这种产品（参照第40—41页）。

吹头发时，首先将发根大致吹干。要抓起或分开头发，让吹风机的风能够充分到达发根，这样才能迅速吹干。如果有些地方的头发比较卷曲，则要优先吹干。在夏季，有些朋友可能会让头发自然干或用电风扇吹干。但这样一来，头皮长时间没有干透容易滋生细菌，头发也容易出现卷曲。因此，一定要彻底吹干头发。若头发损伤严重，则应涂抹发乳后再使用吹风机，这样头发更容易服帖。

等到头发八分干，就可以用造型梳整理头发了。头发湿的时候使用造型梳，会损伤毛鳞片。大家一定要牢记，头发八分干后再用梳子梳头发。此外，晚上使用定型剂，容易导致皮肤干燥，可以到第二天早晨梳头发后再使用定型剂，整理发型。

吹干头发的正确方法

1 用毛巾吸干头发的水分

用毛巾轻轻按压头发，吸收头发中的水分。头发损伤严重时，应当在吸收水分后再涂发乳等护发产品。

2 大致吹干后脑勺的头发

一开始要从最难吹干的后脑勺开始吹，然后是头顶。用指腹把头发随意分开后大致吹干。有些头发比较卷曲，则要优先吹。如果担心发缝周围的发量显少，可以一边用指腹呈Z字形轻抓头发，一边吹风，这样就能遮住发缝。

3 拨开一侧耳朵上方的头发，让热风到达深层

拨开一侧耳朵上方的头发，让热风到达发根。长头发的人可以抓起头发吹，这样操作更简单。头发卷曲的地方也要这样吹。

4 吹另一侧耳朵上方的头发

吹另一侧耳朵上方的头发，直到所有头发达到八分干为止。头发缺乏蓬松感的人可以微微低下头，或者把头偏到一侧，从上往下大致吹干。

5 头发八分干后梳理头发

将所有头发都用吹风机吹一遍。一定要等头发八分干后再梳理。

6 使用吹风造型梳

用造型梳撩起发根吹风，使发根变蓬松。

7 最后吹出造型

在吹造型时，要使用暖风，用造型梳稍用力地提拉发根。用手掌稍稍按压一下头发，避免头发过于蓬松或"炸"起来。

8 吹冷风定型

吹暖风后继续吹冷风，给头发定型。一边吹冷风，一边用造型梳从上到下梳理，让头发更服帖。

选择适合自己的免洗型精华素

* 头发衰老或发量减少要使用精华乳

* 氧化后的精华油反而会损伤头发

* 受损头发建议使用植物精油+硅油

免洗型精华素在涂抹后无须清洗，分为喷雾型、乳液型、精油型和膏体型等多种类型。

在干发过程中也可以不涂抹任何精华素。如果有使用习惯，建议选择水分含量高的精华乳。精华乳质感轻薄，使用方便，比精华油更容易渗透到头发深层。

对于头发容易扁塌或发量少的人来说，精华乳不会像精华油那么厚重，也可以在头发干后涂抹少许。

头发干后可以涂抹精华油。但需要注意的是精华油氧化后会产生异味，受紫外线照射后发质可能会发生改变。建议使用不容易氧化且能够深层滋养头发的荷荷巴油、山茶花油、摩洛哥坚果油等植物精油。头发受损的人建议选择含硅油的产品。硅油会在头发表面形成一层保护膜，让头发更顺滑。涂抹精华油时，先将手心搓热，再将精华油滴在手上，中短发2滴、长发3~4滴，然后用两个手掌将精华油揉搓均匀，再把发尾夹在手掌间轻轻抹上精华油。

精华膏的特点是高保湿且质感比较厚重，适用于头发干枯或不服帖的人。而精华喷雾最大的优点是所有发质均可放心使用。

≫ 使用多功能吹风机，真的能改善头发状况吗

* 多功能吹风机的主要优点是能在短时间内吹干头发

* 建议选择温度低且风量大的吹风机

* 首选多功能的高级吹风机，效果会更好

使用吹风机时，最重要的一点就是如何能在不损伤头发的情况下更快地吹干头发。

头发中所含的蛋白质在70 ℃高温下会发生改变，切忌让头发长时间接触吹风机的高温。普通的吹风机从风口吹出的热风能达到100 ℃以上。因此，吹头发时一定要尽量离远一点。离风口越远温度下降得越多，保持距离15 cm以上为宜。

多功能吹风机包括70 ℃以下的温度设置、植入远红外线、生成负离子等多种类型。从价格实惠的产品到高价产品，应有尽有。

如果今后考虑更换吹风机，首先要看看产品的风温与风量如何。建议选择能够把温度设置在70 ℃以下，可以转换冷风和热风且风量比较大的产品。然后再结合吹风机的其他功能及价格进行选择。风量大时吹风机的声音也会大，如果介意可以选择静音型。吹风机的重量和便携性也是值得考量的因素之一。另外，红外线吹风机采用红外线发热管直接照射头发，可以慢慢地温暖头发和头皮，有助于促进血液循环。

在洗头发前先用精油
清洗头皮污垢

* 时间越长，皮脂越难清除

* 皮脂氧化后容易出现
  "加龄臭"

* 随着年龄增长，头发会
  受到雄激素的影响

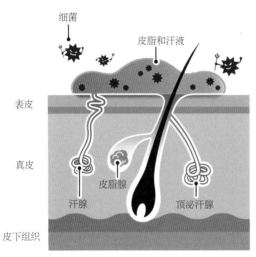

头皮污垢

细菌

皮脂和汗液

表皮

真皮

皮脂腺

汗腺

顶泌汗腺

皮下组织

头皮会附着皮脂、角质、汗液和细菌等污垢，时间越长越难清除，也越容易堵塞毛孔。

　　前文中提到，头皮污垢会对头发的生长和发质产生不良影响，应当尽量保持头皮的清洁。

　　时间一长，皮脂污垢就会堆积并氧化，变得很难去除。而且氧化的污垢还会产生异味，出现"加龄臭"。

　　使用精油清洁头皮污垢，比使用清洁型洗发水更温和。建议按照下一页的顺序，每周清洁头皮2～3次。建议使用不易氧化的、能够深层滋养头发的荷荷巴油、山茶花油、摩洛哥坚果油等植物精油。

精油清洁头皮的方法

1 把精油倒在手上

取1元硬币大小的精油，倒在手上，然后均匀涂抹在头皮上。

2 在整个头皮上打圈，把精油涂抹均匀

一边轻轻地打圈，一边用指腹将整个头皮都按摩一遍（参照第29页）。

3 提拉头皮①

用指腹从前额开始向上轻轻提拉头皮，再从太阳穴处开始提拉头发。

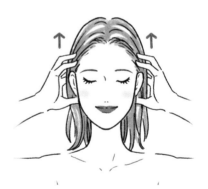

4 提拉头皮②

从耳朵上方或侧面开始向上轻轻提拉头发。

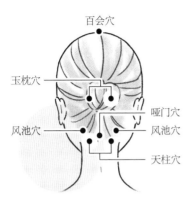

百会穴

玉枕穴

风池穴

哑门穴

风池穴

天柱穴

5 按摩穴位①

后脑勺附近有几个可以促进血液循环和改善发量少问题的穴位。可以用大拇指指腹按压这些穴位。

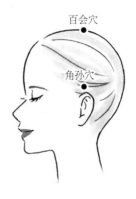

百会穴

角孙穴

6 按摩穴位②

用大拇指根部按摩百会穴，力道不要太大。用手指旋转按摩角孙穴。按摩这两个穴位有助于改善脱发问题。

7 按摩穴位③

一只手轻轻握拳，按压按摩天柱穴、风池穴、哑门穴等穴位7~8次，可以促进血液循环。

8 等待一段时间后冲洗头发

戴上发帽，等待5~30分钟，让头皮污垢松动后再彻底清洗精油，然后像平常一样洗头发。

通过按摩头皮促进血液循环，紧致脸部轮廓

* 提拉头皮可以防止脸部轮廓松弛

* 头部僵硬会反映在脸上

* 可以边看电视边按摩头皮

头皮按摩

仔细按摩耳部上方到颈部两侧这片区域，使头皮放松，能有效改善脸部轮廓、脸颊和嘴角松弛。当然也可以用大板梳给整个头皮做按摩。

大家可以利用看电视等闲暇时间来做头皮按摩。头部紧绷得到缓解后，不光能放松心情，还可以紧致脸部轮廓，减少皱纹。通过按摩头皮，不仅发质会得到改善，整张脸也会更显年轻。

头皮按摩的方法非常简单。主要目的是促进血液循环和紧致头皮，无须照镜子也可以操作。首先用指腹轻抓头皮，予以刺激。然后把指腹放在头皮上，不动手指地揉动头皮。再将手指放在头皮的不同位置，按摩整个头皮。最后，从前额、耳后、颈部两侧，向着头顶轻轻提拉。

压力也会对头发产生不良影响，要尽力纾解

* 压力会让头皮状态变差

* 压力会导致白发产生

* 切勿积攒压力

压力会让皮肤变差，而头皮是皮肤的延伸，可想而知，压力也会给头皮带来不良影响。压力大会引发自主神经失调、体内激素紊乱、血管收缩，从而导致血液循环变差。最终会导致皮脂代谢紊乱、营养无法从发根送达发梢，头发状态也会随之变差。

虽说生活中不可能一点压力都没有，但还是建议大家切勿积攒压力。

大家可以试试做运动，或轻松地泡个澡，以此来缓解压力。这两种方法都可以促进血液循环。在浴缸中加入几滴精油，来一个香薰泡澡，或在手帕上倒一滴，放在枕边或床头柜上，闻着喜欢的香味，人自然就会放松下来，自主神经也会慢慢恢复正常。总之，有意识地给自己创造一些可以放松自我的时间，尽情享受被香气环绕的乐趣吧！

不过，也没有必要为了缓解压力去做一些自己不喜欢的事，这些事情反而会成为新的压力源，这样就本末倒置了。我们一定要选择自己喜欢或适合自己的减压方式，每天都要有意识地给自己空出一点时间，读书、听音乐或看电影，等等，让自己放松下来。

均衡饮食，为头发提供更多营养

* 想要拥有一头秀发，七成靠饮食

* 蛋白质占头发主要成分的八成左右

* 饮食结构会如实反映在头发状态上

营养均衡的饮食

充分摄入蛋白质、维生素和矿物质。维生素能促进头皮的新陈代谢，还具有抗氧化作用。

无论多努力地做头皮护理和按摩，如果营养无法送达，也还是无法拥有一头秀发。要想拥有一头茂密的秀发，一定要注意饮食均衡。

角蛋白这种蛋白质约占头发主要成分的80%。基于此，日常饮食一定要充分摄入蛋白质。构成蛋白质的氨基酸中有一种酪氨酸，这种成分是黑色素的原料，若摄入不足会导致白头发的产生。此外，已经有白头发的人也通常会出现矿物质摄入不足的情况，因此，一定要多吃蔬菜和海藻类食物，保证饮食的均衡和多样性。

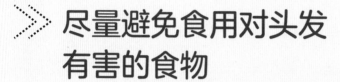

尽量避免食用对头发有害的食物

* 深加工食品会加速白发的产生，让脱发变严重

* 寒性食物容易导致脱发

* 白砂糖会加速头发和身体的衰老

饮食习惯会对一个人的身体产生众多影响。对头发也不例外。出现生发困难、头发生长速度缓慢或频繁脱发等问题时，大家一定要关注一下自己的饮食习惯。

深加工食品和白砂糖会让肠道环境变差，使血液变黏稠，还会加速身体衰老。氧化后的油会对身体造成极大负担，喜欢吃油炸食品的人更要引起重视。活性氧增多会导致人体抗氧化能力减弱，并加速身体机能的衰退，从而导致白发增多和脱发等问题。建议多食用富含具有抗氧化作用的维生素A、维生素C、维生素E、多酚类、虾青素、番茄红素等成分的蔬菜和水果。如果大家能把白砂糖换成甜菜糖，甜点也换成由甜菜糖等原材料制成的产品，那就无须刻意远离甜食了。

研究表明，白砂糖和寒性食物会引发体寒。而体寒容易导致水肿，脱发问题较严重的人很多都是易水肿体质。有些人会每天喝冷饮、酒或咖啡，食用加了白砂糖的甜点，或吃很多面点。只要符合以上习惯中的一项，大家就要控制饮食来改善易水肿体质了。

多吃让头发焕发生机的有益食材

* 发酵食品和黏性食材
  有利于调节肠道环境

* 发量少的人要多吃能促进
  血液循环的香辛料和香草

* 头发细的人要多吃黑色食材

便秘和腹泻会导致肠道环境紊乱，进一步影响营养吸收，使营养更难送达位于营养输送末端的头发。因此，大便不好的人群首先要调理肠道环境。味噌汤、纳豆、秋葵和海发菜等发酵食品和黏性食材能够调理肠胃功能，建议养成每日食用的习惯。

血液黏稠时营养也很难送达头发。纳豆、洋葱、胡萝卜、西蓝花、梅干等食材有保持血管通畅的功效，可以多多食用。同时再食用一些能温暖身体、扩张血管的辛味食材，疏通血管的效果会更好。生姜、葱、辣椒和韭菜等都属于辛味食材。

此外，中医认为气不畅则血不通。而自带香气的食材有助于促进气血畅通。建议烹饪食物时加入欧芹、罗勒等香草，也可多饮用花草茶。

此外，黑色食材同样对头发有很多好处。黑米、黑豆、黑木耳、裙带菜、魔芋、黑芝麻等有助于改善肾功能，多吃会让头发焕发生机。中医认为肾虚容易造成身体衰老，建议大家多吃黑色食材，永葆年轻！

让头发焕发生机的食材

让我们行动起来，多吃能促进血液循环、给头发提供更多营养的食材，通过身体内部的调理，让头发焕发生机。以下是有益身体的各种食材，大家不妨从今天开始把这些食材搬上餐桌吧！

食材	功效
黑米、黑豆、牛蒡、香菇、黑木耳、海苔、裙带菜、魔芋、西梅和黑芝麻等。	黑色食材有助于防止衰老。可改善白头发和发量少的问题。
动物肝脏、鳗鱼、沙丁鱼、牡蛎、蚬子、菠菜、枸杞、枣和杏仁等坚果类。	补血并供给头发营养。有利于改善发量少和头发干枯的问题。
纳豆、洋葱、胡萝卜、西蓝花、秋葵、西红柿、彩椒、南瓜、海带和绿茶等。	促进血液流通，让营养更容易送达头发。有利于改善白头发和发量少的问题。
韭菜、大葱、生姜、大蒜、黑胡椒、辣椒和肉桂等。	扩张血管、促进血液流通。有利于改善白发和发量少的问题。
欧芹、罗勒、紫苏、柑橘类水果、茉莉花茶、玫瑰花茶和洋甘菊茶等。	气通则血通。

第2章

· · · · · · · · · · · · ·

掩盖发质问题的
"减龄" 发型

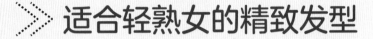

适合轻熟女的精致发型

* "遮百丑"的菱形脸发型

* 发型"减龄"的3个要点
  ① 头顶要有蓬松感
  ② 遮住发缝
  ③ 头发有光泽

适合轻熟女的菱形脸发型

把头顶和脸颊两侧的头发打造出蓬松感，能改善发缝明显和头发细软的问题。

　　打理头发时，如果能做到把头顶头发打出蓬松感、遮住发缝和头发有光泽这三点，整个人就会显年轻。若不考虑头发的光泽度，最适合轻熟女的发型莫过于菱形脸发型。首先撩起头顶的头发，把脸颊靠上的两侧头发打造出蓬松感，然后沿着脸部轮廓往里拢头发。这样一来，即便脸部轮廓有些松弛，也会让整个人看上去非常清爽。

　　本章主要介绍一些适合不同发质的轻熟女的发型，而这个菱形脸发型几乎适用于所有发质。大家不妨把这个发型熟记于心，然后再看看后文介绍的几种发型。

早晨轻松搞定完美发型

* 头皮状态也会影响定型效果

* 洗头后的干发步骤决定80%的定型效果

* 巧用头发定型剂或直发器

忙碌的早晨，迅速搞定发型，能让人备感喜悦。而定型效果与头皮状态和洗发后的干发方法有着很大的关系。大家可以参照第1章的方法，保持头皮清洁，清除污垢，避免毛孔堵塞，然后再用吹风机仔细地把头发吹干。

虽说每个人对发型的偏好不同，但如果能够选定一个可以掩盖自身头发问题的发型，定型也会更省时省心。而且，有些发型使用定型剂或直发器后，会更简单方便。

需要注意的是，定型剂只适合早晨使用。晚上使用定型剂的话，第二天早晨反而不易定型。不过，使用定型剂后，当天一定要洗头发，彻底冲洗掉定型剂。否则，定型剂残留在头发上，容易堆积污垢，也有可能会堵塞毛孔。

为发量少而烦恼的人，可以使用卷发器，简单精准地打造出头发的蓬松感。为头发卷曲而烦恼的人，则可以使用直发器。需要注意的是，这两种工具都不能用于湿头发，而且在头发同一处只能停留5秒左右。

硬发质的定型方法

* 使用质感较厚重的定型剂，防止头发毛糙

* 头发卷曲可使用直发器

* 待头发干后再把头发弄服帖

　　发质硬且头发毛糙的人，可以通过剪发来减少一些发量，或者使用防止头发毛糙的定型剂。发质硬的人，头发更易毛糙，但粗硬的头发也有一个好处，那就是头顶的头发很容易撑起来，不容易软塌。

　　关于洗发水和精华素，可以参照第1章，选择添加了氨基酸的、能够让头发变服帖的温和型产品。注意在吹头发时用造型梳压着头发，用吹风机先吹暖风再吹冷风。这样头发就不会变毛糙。

　　晚上洗头后这样吹头发，第二天早晨再使用膏体型、乳液型或精油型等较厚重的定型剂，头发就能轻松定型。使用时涂少量定型剂在手掌上，搓热后轻轻地涂抹在头发上。需要注意的是，不要因为头发毛糙，就一下子涂很多，这样会让头发变得扁塌。要一边注意观察效果，一边少量涂抹。如果是短头发，就只需要涂抹在发尾，然后将发尾搓卷。相反，使用喷雾型或乳液型等较为温和的定型剂后，头发很快会重新变毛糙。

　　发质硬而卷曲的人，建议使用直发器。有些直发器夹板较窄，初学者也能很快上手。使用时切忌来回拉直同一个地方，这样会对头发造成很大的伤害。

半扎发发型可改善粗硬头发的发缝明显问题

* 发缝不再明显

* 还可以改善头发毛糙，一举两得

* 忙碌的早晨迅速搞定发型

半扎发发型

梳这种发型可以经常换发夹，也可以把脸两侧的头发扭成麻花后再扎起来。样式简单又富于变化，让人乐在其中。

发缝明显是发质硬的人常有的一个烦恼，而半扎发发型能够迅速改善这一问题。

有时候我们会想编头发或做一个复杂的发型美美地出门，不过最适合忙碌早晨的莫过于半扎发发型。这种发型可以帮我们遮住明显的发缝，简单往后一扎就能搞定。而它的关键就在于一定要把头顶的头发打蓬松，要是紧紧揪着头发，头顶的头发就会变得凌乱，整个人反而会显老。

除此之外，每天改变发缝，或睡觉前把头发梳到与发缝相反的方向，也可以改善发缝明显的问题。如果睡相不好，一觉起来头发经常卷曲、凌乱，戴发套睡觉也不失为一个好办法。

适合硬发质的发型

把头发剪出层次，打薄头发。从耳旁到发尾处打造出蓬松的内弯。然后朝着发缝相反的方向吹干头发。这样能遮住发缝，避免发缝过于明显。

打薄发尾，调整头发的蓬松感，打造菱形脸发型。Z字形梳头调整头顶和刘海间的发缝，减少头皮露出量。

留长发的人，如果每根头发都一样长，就容易毛糙，而且显得厚重。因此，建议把脸周围的头发剪短些，然后在发尾做卷。这样再做造型也会简单很多。

撑起刘海，打造出蓬松的高颅顶，非常"减龄"。脸颊周围或外层的头发剪出层次并打薄，忙碌时也能快速定型。

软发质的定型方法

* 通过烫发根打造蓬松感

* 留短发或留刘海

* 避免使用发蜡和精油型定型剂

软发质的人，头发细且软塌，很容易影响头发的蓬松感。==头发紧贴头皮则会显老。建议剪一个吹风后可以让头发瞬间蓬松的发型，或者烫一下发根。==对于发质软的人而言，是否烫过发根，还会影响到吹风做造型的时长和定型效果。

另外，==建议软发质的人留短发。将头顶的头发剪出层次后，发尾会更加灵动，能有效从视觉上改善发量少的问题，并掩盖发缝等其他不满意的地方。==如果实在抵触短发，则可以尝试一个同样能呈现灵动感的中短发发型。如果留长发的话，厚重的头发压在头上，会显得发量更少。因此，如果想要留长发，建议给头顶或脸颊两侧的头发做发根烫，打造出蓬松感，这种发型比较"减龄"。另外，留刘海也是个不错的选择，因为有刘海比没刘海更容易打造蓬松感。

使用定型剂时，建议选择油分少、水分多的喷雾型产品。发蜡、乳液型或精油型的定型剂会让头发紧贴头皮，不适合软发质的人。若要使用，建议仅涂在发尾处，且只在想让发尾呈现灵动感时使用。大家可以试试添加了硅树脂的产品，在定型前涂抹这种产品，可以很好地打造出蓬松感。

波波头可以把表层头发剪出层次，发型看上去不会扁塌，很适合轻熟女。而且头顶头发也会显得蓬松，视觉上发量增加不少。

将颧骨两侧的头发打蓬松，剪一个菱形发型。头顶头发也要打蓬松，然后理顺头发，遮住发缝。

这种短发造型需要烫卷，能让头发整体都显得蓬松。而且，上方的头发蓬松，下方的头发服帖，整个脸部轮廓也会显得更好看。

把表层头发剪出层次，打造出头顶头发的蓬松感，并让下层头发延伸到颊骨两侧。刘海也能让头发显得更蓬松，看上去不会扁塌。

如何解决发旋周围头发少的问题

* 遮住发旋

* 把发旋移到自己满意的地方

* 洗完头吹干头发时改变发旋位置

改变发旋的位置

1 吹头发时，用指腹轻轻地抓一抓发旋及其周围的头发，把头发归拢到一起。然后，把能够遮住发旋位置的头发吹直后，盖住发旋。

2 在希望形成发旋的地方，一边用指腹来回画圈，一边吹头发，形成一个新发旋，并顺着发旋理顺周围的头发。

　　有的人只有发旋处头发比较稀疏，而有的人因为发旋没法做出喜欢的发型。改变发旋的位置后，这些烦恼会统统消失。

　　大家可能会有所怀疑："这样能行吗？"那就不妨尝试一下吧。

　　改变发旋位置的关键在于要在洗完头吹干湿漉漉的头发时进行。大家可以按照上文的说明，抓一抓发旋周围的头发，并将发旋周围的头发吹直后，盖住发旋。这样发旋就消失不见了。

　　然后，在头顶稍微靠前的位置做一个新发旋，并顺着发旋理顺周围的头发，把头发打蓬松。需要注意的是，新发旋一定不要选在发缝等头发四散生长的位置。

要不要留刘海?
适合轻熟女的刘海造型

* 留刘海容易打造蓬松感

* 留刘海有助于打造小脸

* 用刘海遮住不满意的地方

可能有些人觉得留刘海会显得孩子气，因此对刘海有些抵触。但实际上，只要不是齐刘海，也很适合轻熟女。

刘海造型可以千变万化。刘海留得长一点，会显得温柔优雅；把刘海打蓬松，会有"减龄"效果；再戴上一个发带或发箍，把刘海稍往上推，整个人的气质都会变得不同。此外，留刘海还可以掩盖日渐后移的发际线，改善额头处头发稀疏的问题。

发质偏软的人，建议把刘海留得长一点，这样可以将头顶的头发打造出蓬松感。把刘海修剪成圆弧形，可以显得脸更小，比直接垂放效果好。如果再在发尾涂点发蜡或精油型的定型剂，刘海会自然垂顺，定型也会更简单方便。刘海比较少时，可以到理发店让发型师处理一下，多留些刘海。

发质偏硬的人，也可以把刘海留长，把发际线处的头发吹挺立，然后把头发顺到脸侧，这样会更好看。脸颊两侧头发毛糙时，把发蜡或精油型的定型剂搓热，涂抹在毛糙处，并轻轻按压，能有效抚平毛糙。

适合轻熟女的刘海造型

沿着与发缝相反的
方向将头顶的头发梳至
脸侧，打造蓬松感。

把头顶头发吹直
立，与刘海一同轻轻
地顺到脸侧。

剪短头顶的头发，
增加层次，轻松打造出
蓬松感。

从头顶开始把刘海
剪得稍厚点，在视觉上
会有发量增多的效果，
然后把发根吹挺立，整
体会显得更蓬松。

轻松打造轻熟女气质的卷发造型

* 发根烫适合所有发质

* 小卷发会显老

* 将颊骨以上的头发剪出灵动感，"减龄"效果加倍

　　卷发能有效缩短打理头发的时间，绝对是忙碌女性的首选发型。但不建议大家烫成一头小卷发的样子，虽说这种发型好打理，但毕竟有着几十年前老式烫发的影子，并不适合所有人。另外还需要注意的是，只把发尾弄卷的发型更容易显老。

　　大家可以用粗一点的烫发棒先把发根烫直，脸侧头发则烫成轻柔的波浪卷，就能打造出适合轻熟女的菱形脸发型，这种发型具有"减龄"效果。随着年龄的增长，脸颊可能会渐渐塌陷，可以把颧骨以上位置的头发剪出灵动感，这样与人面对面时，对方的目光就会集中在脸侧的头发上，微塌的脸颊和有些松弛的脸部轮廓也就变得不那么明显了。波波头或短头发的人，可以试着把头顶的发根烫卷，将头顶垫高，打造出时尚的高颅顶发型。

　　头发扁塌、发量少或头发细而容易受损的人，可以只把发根烫卷。只烫发根也会让头发更容易打理，大家一定要尝试一下。

　　梳理卷发或吹风做造型时，可以使用梳齿较少的排骨梳。这样的梳子既可以保持住卷发造型，又可以把头发打理得更好看。

这种短发造型头发整体内扣，微微卷曲的头发自带蓬松感，会显得发量很多。

长发的人则很适合菱形脸造型，会显脸小。脸颊两侧的头发蓬起，灵动感十足。

超短卷发可以轻松
遮住发缝，显得发量多。

这种卷发是把发根
打蓬松后，只把发尾烫
卷，自带灵动感，显得
非常干练。

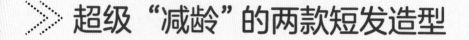

超级"减龄"的两款短发造型

* 戴上发带或头巾，更显时尚

* 蓬松的短发，让人看上去年轻5岁

适合轻熟女的两款短发造型

用发带或头巾装饰

　　精美的饰品很适合轻熟女。这些饰品与衣服和配饰的颜色相得益彰，更显时尚。

蓬松卷发

　　把发根烫直，打造蓬松感。然后抓一抓头发，让发尾朝着不同方向伸展。

　　有些人可能不太愿意在打理头发上花费太多时间。那么不妨试试这里介绍的两款短发造型，打理起来都十分省时省力。

　　第一个是搭配发带或头巾的发型。这种发型能迅速解决发缝宽、发量少或白发问题。轻熟女建议选择颜色较亮或有花纹的款式。没有花纹的黑色太过居家风格。刚开始尝试这些饰品的朋友，可以选择百搭的驼色系。

　　另一个就是蓬松卷发。需要注意的是，烫发时不要把头发卷得太紧，容易看上去有点土气。这种发型早晨只要用手抓一抓就能轻松搞定。

小碎发上翘，护手霜来帮忙

短头发总是上翘，看上去扎眼又凌乱。这样的小烦恼，随身物品一招就能搞定。

有时候，本来梳了个漂亮的发型，却总有几根头发上翘着。这些小碎发除了是新长出来的头发，还有可能是受损分叉的头发、营养无法送达的细头发或有些卷曲的头发。

没有弹性和韧劲、水分或油分不足的小碎发，建议使用油分较多的定型剂解决。如果发缝的小碎发上翘明显，可以先在手上涂少量乳液型定型剂，充分揉搓后一边轻抚表层头发，一边涂抹，从而使小碎发服帖。如果没有头发专用的定型乳，也可以用护手霜或身体乳等日常护肤品代替，还可以用唇膏。乳液涂多了的话，头发会过于贴头皮，显得发量少，因此涂一点点就够了。此外，膏状的护发啫喱和碎发整理棒也是整理小碎发的好帮手。

小碎发因干燥或静电上翘时，也可用发膏或护手霜保湿。不必追求价格昂贵的产品，使用方法和乳液型定型剂一样。

有些小碎发是因为头皮或头发受损而发育不良造成的。这时大家就需要调整自己的饮食和生活习惯，同时做好精油清洁或头皮按摩来养护头发。

第3章

. . . .

轻松解决
发量少的烦恼

适合发量少的人的发型

* 尽量不要露出发缝

* 短发可以改善头发稀疏的
  问题

* 切忌将头发扎得太紧

面对依稀可见的头皮，想必每个人都会烦恼不已。发量少的人可能某些部位的头发较少，也可能每个部位头发都很少。如果情形严重，建议大家尽早去医院咨询，情况或许会得到很大改善。关于这个问题，请参考后文第98—99页的内容。

但有时发量其实并不少，只是因为发质较软，显得头发稀疏而已。这是头发缺乏韧劲造成的。这时可以做一个发根烫来改善。使用洗发水和精华素时也要选择增加头发弹性和韧劲的产品。吹头发时，可以用吹风机大致地把每个地方的发根都吹得直立起来。注意一定不要露出发缝。

有些人头顶的头发比较稀疏。留长发的话，头发的重量会让头顶的发缝越来越明显。因此，留短发为宜。另外，将刘海留长些，把头顶的头发打造出蓬松感，或把脱发明显的部位后面的头发朝前拨，打造蓬松感，遮盖住缺陷。这时需要把后面的头发呈Z字形掬起，不要露出发缝。使用卷发棒能轻松掬起头发。如果此时头发有些卷曲，就用喷雾定型剂保持造型。

整理头发时，可以使用发箍或发带把头发弄出蓬松感，还可以梳一个蓬巴杜发型或半扎发发型。但切记不要用橡皮筋紧紧地扎住头发。

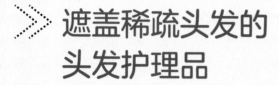

遮盖稀疏头发的
头发护理品

* 给头皮上色，可以在视觉上
  改善发量少的问题

* 充分利用一切可以遮盖头皮
  的物品

* 毛孔堵塞时，使用
  育发剂也无济于事

以前，不少人尝试用增发喷雾来遮盖发量少的问题，但效果并不好。现在这类产品的质量提升了不少，消费者基本都能得心应手地使用它们。不过，需要注意的是男性专用的产品刺激性比较大，建议使用女性专用的产品。

·**使用增发喷雾**：带色的细小颗粒会吸附在头发上，从而遮盖稀疏的头发。这类产品吸附力很强，但一遇汗水或雨水就容易掉落。建议选择与自己头发颜色相近的产品，这样会显得更自然一些。

·**使用增发粉**：把粉末涂抹在头发上，皮脂和静电会将这些粉末吸附在头发上，遮盖发缝和发旋等脱发明显的部位。涂粉后也可以再用喷雾，让增发粉进一步吸附。不过有些增发粉本身的附着效果就很好，使用起来非常方便，不用喷雾也没问题。

·**美发粉底液**：这种产品不仅能给白发根着色，还能让头皮也变得不那么明显。建议选择防水效果好的产品。

想要从根本上改善头发稀疏问题的朋友，建议咨询专业医生，或尝试一下女性专用的防脱育发剂。晚上用了有蓬松效果的育发剂后，次日早晨头发就会蓬松不少。

需要注意的是，如果毛孔堵塞，那么用育发剂也无济于事。因此，关键是要保持头皮毛孔的清洁。

发质软的人应如何打造 "高颅顶"

* 用卷发筒轻松搞定

* 利用做家务或化妆的时间 卷发

* 定型剂→卷发筒→吹风机，3分钟搞定发型

用卷发筒打造头发蓬松感

用卷发筒卷住头顶的头发或刘海，然后用吹风机吹。如果想让发根直立，请试着在梳子上喷些定型喷雾，然后梳理发根。

卷发筒能让大家在忙碌的早晨，无须使用复杂的烫发夹就能迅速搞定蓬松造型。卷发筒种类多样，有功能简单的，也有在卷发筒内侧贴铝片来提高热传导性能的产品。

早晨起来打理头发时，大家可以在想要做出蓬松效果的部位的发根处喷一点水或定型剂，然后用卷发筒慢慢卷紧头发，直到发根稍微卷曲为止。为保证效果，记得让卷发筒在头发上停留一会儿。如果时间紧张，没有专门的时间卷发，可以试着利用做家务或化妆的时间进行卷发。别忘了在拆掉卷发筒之前，先用吹风机暖风吹一吹，再用冷风定型。拆掉卷发筒后用手指轻轻抓一抓头发，让发型变得更自然一些。

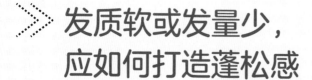

发质软或发量少，
应如何打造蓬松感

* 打理重点部位，刚开始吹头
  发时要很仔细

* 从下往上吹头发

* 不用工具也能轻松打造蓬松
  发型

保持造型的小诀窍

早晨定型后，发型不可能一直保持到晚上。有空余时间时可以张开十指，把头发从发根拨起来，头发会更显丰盈。这样发型就能立刻重新恢复蓬松感。

接下来要介绍的是如何吹头发才能打造蓬松感，以及使用吹风机的要点。

头发整体稀疏的人，最好从下往上吹头发。有些部位头发卷曲，容易看到头皮，刚开始吹头发时一定要仔细一些。一边用指腹在这些部位轻轻地呈Z字形移动，一边吹风。等到头发被吹到八成干时，用排骨梳将头发的发根一点点梳起，按照先暖风后冷风的顺序吹头发，把头发吹出蓬松感。操作的关键在于拿起造型梳时，要朝侧面微微倾斜。这样吹头发，第二天早晨打理发型时就轻松多了。

打造头发蓬松感的小诀窍

洗头发后如何吹头发

用吹风机对着后脑勺，从下往上吹。之后再大致把头发整体吹干，让发缝变得不那么明显。

朝着与发缝或塌向一边的头发相反的方向吹发根。

用吹风机把头发整体吹直

头发整体稀疏的人，等头发八成干后，先将发根吹挺立，再把头发整体吹干。接着让头发保持直立，并吹冷风。这样即便头发吹得过于蓬松，到第二天早晨也能呈现刚刚好的状态。

让头顶头发逆方向直立

　　头顶头发紧贴头皮或发量少的话，梳头时把梳子朝着发根的方向轻轻移动，让头发逆方向直立起来。幅度过大会显得不自然，因此建议幅度小些，尽量与周围头发保持一致。

早晨使用定型剂

　　将少量较温和的定型剂喷在发根处，然后一边用造型梳让头发直立，一边按照先暖风后冷风的顺序吹头发。

利用圆筒梳让头发立直

　　用圆筒梳让头发立直，按照先暖风后冷风的顺序吹头发。最后，把定型喷雾喷在梳子上，梳一梳发根，让发根保持挺立。

适合发量少人群的发型

头顶处的头发剪短些，打造出充满丰盈感的短发。将后颈发根处或耳朵周围的头发打薄，不仅有"减龄"效果，还会显得很精神。

呈Z字形梳头发，遮盖住发缝。将发际线处的头发吹挺立，前面的头发才不会显得扁塌。这样不仅能打造出立体感，还能显脸小。

留刘海，并打蓬松。如果刘海稀疏，即便打蓬松也还是会显得单薄，那就试着把头顶附近的头发往前拨，让刘海显得厚一些。

中长发发型可以尝试打造头发整体的自然蓬松感。可以把前方的发根和发尾都烫卷，这样头发的整体轮廓才不会显得扁塌。

97

何时应该咨询专业医生 发量少的问题

* 不胜其烦时，随时可以咨询

* 尽早咨询，治疗效果会更好

* 不要咨询皮肤科，而要咨询
  专门研究头发问题的
  医疗机构

　　无论是谁，随着年龄的增长，头发的状态肯定会比年轻时差一点。这是因为我们的血液循环速度变慢了，供给到发根的营养物质也就越来越少。由此带来的直接结果就是发质变差，头发比以前稀疏。而且女性随着年龄的变化，体内的激素水平容易失衡。不少女性朋友还会面临头发变细、变卷、脱发增多等烦恼。

　　但很多人在面对这些烦恼时，很难下决心去咨询专业的医生。其实，尽早采取行动，便能更快更早地防止头发问题继续恶化，而且治疗效果也会更好。如果已经感觉到自身头发状态的变化，并且对此非常在意，那就抓紧时间咨询一下专门研究头发问题的医疗机构吧。与女性专家交流可能会更顺畅一些，而且这些专家也能结合更年期等女性特有的症状，更细致地进行诊疗。

　　在此需要提醒各位读者一点，治疗前请咨询一下医保（或其他商业保险）范围内的治疗项目有哪些。建议大家选择诊疗费用透明化的医疗机构，而不是那些诊疗之后才能知道具体花费的机构。就诊前务必查阅相关资料，比较各个机构公布的治疗方法和诊疗费用后再做决定。

>>> 专业的医疗机构采取的治疗方案

* 从外用药到植发，治疗方法多种多样

* 治疗时，还会考虑到更年期症状

* 一般包括外用药和内服药

各种治疗方法

外用药	把加入有效成分的药直接涂在头皮上。可在家中自行使用。
内服药	服用加入有效成分的药。
输液	将头发所需营养通过输液管注入体内，吸收效果会更好。
注射	将有利于生发的成分直接注入头皮中。
激素治疗	针对激素的急剧减少而进行的治疗。
PRP 毛发再生疗法	PRP（高浓度血小板血浆，Platelet Rich Plasma）是一种头发再生疗法。这种疗法是从患者自身的血液中提取血小板并浓缩，再用特殊的仪器注入头皮，作用于发根，促进生发。
HARG 疗法	HARG（毛发再生，Hair Re-generative）疗法将包含从干细胞中提取出来的 150 多种成长因子的被称为"HARG混合物"的药剂直接注入头皮中，以此刺激细胞活性，进而达到治疗效果。
植发	把人工头发或头后部不显眼的部位采集到的患者自己的头发直接移植到头皮的治疗方法。

*以上治疗方法均须在正规医疗机构咨询专业医生后进行，切勿盲目听信广告介绍等。

不同的医疗机构实施的治疗方法各不相同，有外用药、内服药、点滴等药剂注射治疗、激素治疗、PRP毛发再生疗法、HARG疗法和植发等。有些疗法费用昂贵，请读者朋友在接受治疗前一定要咨询清楚、认真比对。

笔者所在的医疗机构在接受患者的咨询后，会先了解清楚患者包括饮食习惯在内的生活习惯，进行初步的症状诊断和血液检查。弄清楚患者是否因患有其他疾病，才导致激素异常、发量少和脱发等问题。最后再根据患者的不同症状，一般采用外用药和内服药并用的治疗方法。大约半年时间，约80%的患者的症状都有所好转。

抗衰专业医生答疑解惑
头发烦恼的一问一答

有关女性头发和头皮的烦恼，
由浜中院长为大家一一作答。

发量少，在多少岁前治疗会有效？

我们医院患者的年龄跨度特别大，从十几岁到九十几岁都有。即便是八九十岁的老年人，治疗后也能看到效果。发量和头发的状况，会存在很大的个体差异。治疗的时机其实与年龄无关，只要有令自己在意、担心的头发问题，就可以前来咨询。我认为，与其举棋不定，不如尽早接受治疗，以乐观积极的心态面对。而且，尽早接受治疗，治疗疗程会缩短，治疗效果会更好。

如何才能拥有一头健康的头发？

保持头发健康，与保持身心健康所需的条件是一样的。日常生活中，饮食、睡眠和运动都要多加注意，养成规律的生活作息。特别是睡眠对发质、发量有很大的影响。如果睡眠不好，建议一定要调整。此外，过度节食会让营养无法送达发梢，进而导致头发失去光泽、弹性和韧劲。

育发剂和生发剂的区别在哪里？

育发剂是为了维持现在的头发健康而使用的。建议目前还没有发量少的烦恼的人群使用。而生发剂是为了缓解发量少和脱发问题，增加发量而使用的。这两种产品的功能不相同，购买市面上的此类产品时首先要明确自己的使用目的。

染头发后，头皮为什么会发痒？

染发会损伤头发和头皮。如果染发后出现疼痛、头皮变红、每天感觉像针扎一样的症状，一定要去皮肤科就诊、治疗。染发后出现的接触性皮肤炎，第二次会比第一次更顽固，更难治疗。因此，一旦出现症状，应立刻就诊。

我感觉头皮很干燥，需要进行哪些护理呢？

随着年龄的增长，每个人的头皮都会越来越干燥。担心这个问题的话就要注重给头皮保湿。市面上有各种头皮保湿水，购买女性专用的产品即可。有些人认为头皮是面部皮肤的延续，经常会把化妆水或精华液直接用在头皮护理上，但这些产品中含有头皮不需要的成分。因此，建议大家购买头皮专用的护理产品。

为什么头发变稀疏的部位即便长出新头发也容易掉？

　　这可能是头发的生长周期紊乱所致。头发会在2~7年经历生长期(新头发生长的时期)、退化期(头发生长减慢)和休止期(头发生长中止，开始掉落)三个阶段，循环往复。生长周期紊乱后，头发还未完全长好，就开始掉落。这是由多种因素综合作用的结果。建议去专业的医疗机构就诊，彻底弄清原因并进行治疗。

◆健康的生长周期

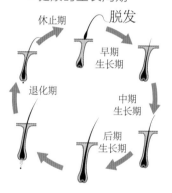

1天大概掉100根头发，
长而硬的头发更容易掉。

◆紊乱的生长周期

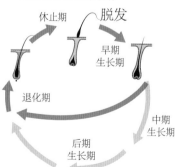

掉很多头发，
短而软的头发更容易掉。

为什么我经常洗头发，但还是有股味道？

　　随着年龄增长，不知为什么头皮和头发总是会有股味道，让人心生烦恼。皮脂的氧化物质和杂菌是异味的根源，有时发量变少后这种异味会更明显。若要改善这种状况，平日要注意保持头皮和头发的清洁。洗头发后，要仔细地冲洗干净，不要让洗发水残留在头发上。即便很想彻底摆脱这种异味，也没有必要使劲地搓头发，因为这样反而会损伤头皮和头发。洗完头发后，迅速从发根开始仔细地吹干头发。自然干的头发，发根总是干不透，容易滋生杂菌，从而产生异味。此外，头发湿漉漉时，毛鳞片处于打开状态，头发也容易受损。

第4章

•••••••••••••

巧妙应对白发
困扰

≫ 为什么会出现白头发

* 主要原因是头发的衰老

* 防止白发的3大要点:
  ① 饮食均衡
  ② 早睡早起
  ③ 释放压力

　　其实，头发原本是白色的，只是因为含黑色素，所以才会变成黑色。而黑色素产生于发根的黑色素细胞。当黑色素细胞的功能变差，黑色素减少，头发就会变白。倘若发根的黑色素细胞还能发挥作用，那白发就有重新变黑的可能。若黑色素细胞全部耗竭，白发则再无变黑的可能。

　　黑色素细胞功能变差的主要原因是衰老。以前白发还若隐若现，如果白发突然迅速增多，就要引起重视。**除了年龄增长外，在紫外线等外界刺激造成的损伤以及饮食习惯、压力和遗传等多种因素的综合作用下，就会产生白发。**

　　针对遗传以外的各种因素，只要立即行动起来，就能有所改善。想让白发的增长速度放缓，并防止长出更多的白发，一定要极力避免会对头发造成损伤的行为。早睡早起，调节自主神经，注意饮食均衡，并适时释放压力。当并无压力但白发急速增多时，一定要先审视一下自己的饮食习惯是否健康。此外，建议尽量少吃深加工食品，并参照前文第56页"让头发焕发生机的食材"的内容，调整自己的饮食结构。

白发增多，该怎么办

* 不要拔掉白头发

* 染黑会加速头发变白

* 选择对头发损伤较小的半永久染发剂或精华染发剂

HAIR
HYDRATING
BALSAM

看着笔直挺立在头上的白头发，不少人会觉得很碍眼，于是直接将其连根拔除。但这样做会损伤发根和头皮，慢慢地，这个部位就很难再长出新头发。因此，建议大家不要拔白头发，而是用剪刀把白发从发根处剪掉。

白头发还很少时，尽量不要去理发店一次性染黑，可以使用半永久染发剂或精华染发剂。染黑头发会对头发造成很大的损伤，应当尽量避免。甚至可以说，染黑会加速头发变白。

可能有些朋友会觉得，像以前一样，用时尚的亮色染头发，不就能遮住白头发了吗？实际上，这些亮色很难对白发起作用。这是因为这些亮色原本就是为黑头发设计的，使用这类染发剂会让头发的黑色素脱色，从而将头发染成其他颜色。而白发几乎没有黑色素可以脱色，用这样的染发剂染发的效果自然欠佳。想要为白发染出鲜艳的颜色，必须使用强力的染发剂，而这些染发剂会对头发造成很大的损伤，特别是染发剂中含有大量的对苯二胺，容易引起过敏。如果使用后出现麻麻的疼痛感或瘙痒等症状，一定要马上停止使用。

染发时有哪些注意事项

* 冲洗干净，头皮不要残留药剂

* 染发后1周内，用染发专用洗发水或加入正铁血红素的洗发水洗发

* 认真使用精华素

把白头发染黑，不光会对头发，还会对头皮产生不良影响。如果在染发后不认真做好头发护理，就容易出现各种各样的问题。

在家中染头发后，一定要将药剂冲洗干净。头发呈弱酸性，而染发时使用的都是碱性药剂。因此，洗发时一定要仔细地冲洗，以免碱性成分残留在头发上。头皮上残留碱性药剂，可能会导致接触性皮肤炎。因此，头皮也要仔细地冲洗，以免药剂残留。清洗头发时，要把头发拨开，将洗发水垂直倒在头皮上，然后用足量的热水冲洗。建议染发后一周内，坚持使用含有正铁血红素（可以去除碱性成分的物质），或染发专用的洗发水洗头。

洗发后，毛鳞片容易剥落，并呈打开状态，建议使用精华素进行护理。

此外，头皮在药剂所含的碱和过氧化氢的作用下容易变干燥。尽量使用头皮专用护理液进行保湿护理。在理发店染头发后，同样需要进行护理。

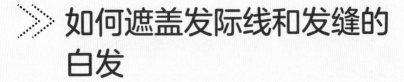

如何遮盖发际线和发缝的白发

* 使用能迅速遮盖白发的小
  物件

* 染色物品要注意防水

* 方便携带的小巧物件也能
  派上用场

轻松遮盖白发

使用染色笔时，用夹子把周围的头发别住或用手按压住，更好涂。使用美发粉底或染色粉时，要选择比头发发色稍深一点的颜色。如果染的颜色太淡，反而会让白发更显眼。

早晨临出门前，突然发现头上多了几根白头发，可时间比较紧，没工夫仔细打理。这时，大家可以利用以下这几个好用的小物件。建议选择防水产品，避免被汗水或雨水冲掉。

·**染色笔** 染色笔与睫毛膏一样，都装在一根小管子里，可以涂在比较细微的地方。

·**染色喷雾** 把喷雾喷在头上白发比较扎眼的地方，能够迅速遮盖住白发。

·**美发粉底** 把带色的粉底涂抹在白发上，迅速遮盖。

·**染色粉** 把粉扑在白发上，迅速遮盖。

可以遮盖白发的发型

以Z字形拨动发缝的头发，黑头发就能遮住白发，使其不再扎眼。用指头呈Z字形拨动头发，把头皮也遮住，打理过的发型非常自然，比用梳子的前端梳理头发更有效。

把头顶的头发拿下来一点，充当刘海，也可以遮住白发。

发缝周围有白发时，改变一下一成不变的发缝线的角度，白发就会不再明显。

白色的发根排在一起，形成一条白线，会显得格外扎眼。可以去理发店让理发师挑染一下头发，白线就没那么明显了。

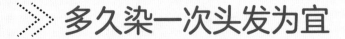

多久染一次头发为宜

* 全部头发的10%~30%变白时，1个月到1个半月染一次为宜

* 整体染发不如以补发色为主

* 染发剂要比自身头发的颜色亮一个色调

在家中染发后，要经常补发色，并且四五个月去一次理发店。比起整体染发，不如补一下发色，只把长出白头发的发根局部染色，这样对头发的损伤会更小。因此，可以在家自己补发色，如有必要，就去理发店再做一次整体染发。此外，在家中首次使用某种染发剂时，一定要提前做一下过敏测试。

补发色的间隔时间因白发的数量而异。全部头发的10%~30%变白时，1个月到1个半月染一次，一半以上的头发变白的话，3个星期到1个月染一次。如果染发频率超过这个范围，就会对头发造成很大的损伤。

当白头发比较少时，试着从棕色或亮棕色等比自身头发颜色亮一个色调的颜色开始染。即便是同一个颜色，白发占比为30%和60%时，染出来的效果也是不同的。白头发较多时，染后的头发会更亮，因此建议染色用的颜色要比自身头发暗一个色调。如果一下子就把头发染成纯黑色，之后后悔了，想恢复原来的颜色可就不太容易了。而且，每个人染头发的方法也不尽相同，建议第一次染发时先尝试一下亮一些的色调。

在家中染发，学会充分利用一次性小物件

* 用油性乳霜或耳帽保护皮肤和耳朵

* 染发时不要离头皮太近

* 染发后的静置时长请参考说明书

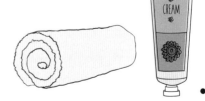

在家中染发

需要准备的物件

· 镜子
· 毛巾
· 报纸（铺在地板上）
· 耳帽
· 围布
· 保鲜膜或染发帽
· 油性乳霜
· 一次性手套
· 小刷子
· 梳子
（有些染发套装里会包含手套、
小刷子和梳子）

涂抹完染发剂后，在发际线和鬓角处贴上纸巾，让头发更服帖。

室温较低时不太好上色。要仔细地把头发分成几组，一点一点地涂抹染发剂，效果会更好。洗头发前，用梳子在头发上抹一抹，染发剂会更容易洗掉。

在家染头发时，一旦染发剂沾在浴缸、水池等物品上，就会很难清除，请务必小心。

染头发前，从额头的发际线到耳朵下方的脸部周围都要涂抹油性乳霜，以此来保护皮肤，并且还要戴耳帽。戴上头套后开始准备染发剂。涂抹染发剂时如果离头皮太近，很有可能会把染发剂涂到头皮上。因此，无须太靠近头皮，在涂抹的过程中，染发剂自然会到达发根处。涂完染发剂后，在发际线和鬓角处贴上纸巾按压头发，然后包上保鲜膜或染色帽后静置一段时间。具体的静置时长，请参考说明书。

精华染发剂真的对头发有好处吗

* 产品如其名，确实有护理头发的功效

* 只在头发表面着色

* 没有刺鼻的味道

虽说精华染发剂应当是对头发非常温和的，但有些产品会含有肼，使用时一定要看清成分。精华染发剂中所含的正离子色素会附着在头发的负离子上，然后在头发表面着色。这与把头发染黑时使用的染发剂不同，它不会渗透到头发内部，而是把颜色一点点地附着在头发表面。因此，只使用一次的话，颜色无法充分附着在头发上。开始使用时要连续使用4~5天，等颜色彻底附着在头发上后，就可以每周用一次精华染发剂了。

这种精华染发剂质感柔软且润滑，也不会像染黑头发时使用的染发剂那样有刺鼻的味道。在浴室等狭小的空间内也可放心使用。即便沾到皮肤上，用肥皂就能清洗干净。如果沾在浴缸或水池里，建议不要搁置，马上用水冲洗干净。如果不及时清洗，时间一久，也会难以洗掉。

使用过程中如果不喜欢所用的颜色，只要停止使用，头发很快就会恢复以往的颜色。然后再更换为其他颜色即可。有些公司的产品，可供选择的颜色种类很有限。但白发一多，就更容易显色，因此建议尽量选择与其他部位头发相近的颜色。黑色着色最牢固，一开始尝试时建议选择棕色系。

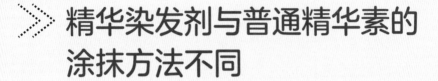

精华染发剂与普通精华素的涂抹方法不同

* 从发根至发梢，都要涂抹精华染发剂

* 用梳子把精华染发剂涂均匀

* 与普通精华素一样，使用精华染发剂后，需要静置一段时间

精华染发剂的使用方法

把足量的精华染发剂涂抹在头发上，用梳子梳头发，使染发剂均匀地涂抹在头发上。一定要保证每根头发都被抹到。少数人会对精华染发剂产生不良反应，使用前建议先做过敏测试。

普通精华素一般涂抹在受到损伤的发梢部分，而精华染发剂的目的是给头发着色。因此，要将精华染发剂涂抹在发根至发梢，这样颜色才能彻底渗透到发根。

洗完头发要先用毛巾吸干头发上的水，再涂抹精华染发剂。戴上染发帽等待5分钟左右。不过第一次使用时建议等待15分钟。如果较难着色，也可以在洗头发前把精华染发剂涂抹在干的头发上。

使用精华染发剂的关键在于涂抹完之后，要用梳齿较宽的梳子让精华染发剂均匀地渗透到发根至发梢。这样做会让着色效果更好。之后再用添加了氨基酸或甜菜碱的温和型洗发水将精华染发剂冲洗干净。

如何用天然的散沫花染发

* 加入靛蓝染料的散沫花粉末会更自然

* 关注散沫花的收获时节，购买新上市的产品

* 对植物过敏的人切勿使用

散沫花属于千屈菜科植物，含有一种红橙色色素"散沫花醌"。涂抹在头发上，能够与头发中的蛋白质相结合，从而成功着色。散沫花的色素附着在头发上，不仅着色牢固，还可以防止头发毛糙，紧致头皮角质层，增强头发的弹性和韧劲，让头发更服帖。这种纯天然的植物粉使用得越久，头发和头皮就会越有活力。

市面上出售的一般是散沫花粉末，不过刚采摘的花朵着色效果会更好。因此，一定要关注散沫花的收获时节。有些散沫花或时日已久，或含有农药，或掺杂了其他成分，内含肼。购买时一定要认准专门出售散沫花的店铺，还要选择对原料精挑细选的厂商。这样才能买到品质优良的产品。纯散沫花粉末染出来的头发呈橙色。如果不太喜欢橙色，则可以购买加入靛蓝染料的散沫花粉末，把头发染成稍暗的棕色系。这些产品的原料都是纯植物的，对荞麦等植物过敏的人切勿使用。使用前一定要先做过敏测试。散沫花和香草一样，可能会对某些人的身体产生不良影响。做完过敏测试的次日，尽量不要安排事情，仔细观察一下身体是否有异样。

在家中如何用散沫花染发

* 染色后等待时间会比较长，因此一定要选在空闲的日子

* 把散沫花粉调成和沙拉酱差不多的浓稠度

* 使用前要先看染色说明

用散沫花染头发

　　100%纯散沫花成分的产品，可以直接用手搅匀。如果是加入靛蓝染料的产品，则建议使用刷子搅匀，效果会更好。靛蓝染料沾在浴缸或水池上很难清洗，一旦不小心沾上，一定要马上冲洗干净。

　　将散沫花粉末溶于热水之中，调成和沙拉酱一样、涂抹时快要掉下又不会立刻掉下的糊状。将头发分成很多束，然后从白头发比较明显的地方开始涂抹。如果是加入靛蓝染料的产品，则建议用刷子搅匀，效果会更好。

　　涂抹完散沫花后，将保鲜膜或染发帽覆盖在头发上，等待1小时左右。虽说涂完散沫花后可以多等一会儿，但每个人的情况不同，因此建议初次尝试时等待1小时即可。

　　刚开始尝试散沫花染发时，一周需要染一次头发，等到着色比较均匀时，就可以两周染一次。

散沫花的一问一答

有些朋友想尝试散沫花染发，希望可以更深入地了解一些散沫花方面的知识。接下来，由头发专家来为大家——介绍。

使用散沫花染发后需要选择什么类型的洗发水和护发素呢？

洗发水的清洁能力不可太强，容易把染的颜色洗掉。请尽量选择比较温和的洗发水（参照第20—21页）。洗完头发后头发摸着会比较硬，因此有必要使用护发素。散沫花自身具有护理头发的功效，只用护发素就足够了。含硅的护发素会让着色变得困难，因此尽量选择无硅、质感清爽又丝滑的护发素。

使用含靛蓝染料的散沫花时有什么注意事项吗？

用只含散沫花的产品染发时，头发会呈橙红色。而在散沫花中加入靛蓝染料后，就能染出茶色、棕色等颜色。虽说这两者都是植物制剂，但有两点需要注意。第一个是过敏的问题。即便对散沫花不过敏，也有可能对靛蓝染料产生过敏反应。因此，一定要提前做过敏测试。另一个问题是靛蓝染料的颜色会比想象中难去除。染几次后头发的颜色会趋向于黑色。之后这种黑色很难褪掉，因此一开始使用时就要计划好。另外，这种产品不小心沾在浴缸或毛巾上会很难清理。一旦沾上，要迅速冲洗干净。

散沫花适合哪种发质？

散沫花适合所有发质。头发细软的人使用后，会增加头发的弹性和韧劲；头发粗硬且毛糙的人使用后，头发会变得服帖。而且，散沫花还可以修复受损头发中的蛋白质，干枯的头发也适用。不过，有些硬发质的朋友使用后，头发会变得更硬。除此之外，散沫花还有清洁毛孔的功效，可以让发根充满活力。

品质好的散沫花与一般的散沫花有什么区别？

同样是纯散沫花粉末，品质也可能千差万别。原本制作散沫花粉末时，要把开花前的新叶磨成粉末。但为了降低成本，有些厂家会在其中混入茎、根或老叶子。使用了品质不好的散沫花后，头发不仅会有异味、着色更费时，还会很快掉色。这样的产品完全失去了散沫花本来的优势。但如果是品质好的散沫花，会有股淡淡的清香，染色后不易掉色。每次使用后，头发和头皮的状况会变得更好。将散沫花粉末调成糊状后，品质好的呈稍暗的黄绿色，而混入不纯物质的则会呈黄色或茶色。因此，一定要货比三家后购买。

使用散沫花后就烫不了卷发了吗？

使用散沫花后，多少有点不好烫卷发，但也并不是完全烫不出来。现在烫卷发的药剂也在不断升级，只要选择和散沫花相得益彰的药剂，就完全没问题。用散沫花染头发后再烫卷的话，容易掉色。建议烫卷发后再使用散沫花，而且这样也可以减少烫卷发对头发的损伤。

灰发乍现时如何保持
头发的精致感

* 要仔细护理头发

* 去理发店打理头发

* 灰色系头发能衬得人更时尚

最近几年，非常流行将头发颜色染成"奶奶灰"。的确，有时一头灰发更显时尚。有些人会在刚长出白发时就把头发直接染成灰色，还有不少人总想着哪天一定要染个灰发试试。

但是，灰发乍现时不好好打理也会产生各种各样的烦恼：会给人一种疲惫的印象，会让人觉得平时疏于打理头发……还有些人之前一直染头发，新长出的白发在染过的头发间显得很扎眼，让人不胜烦恼。

的确，灰发一旦疏于打理就会显得不太好看，因此需要仔细地护理头发。不过如果只护理头发，却不注重是否美观，整个人看上去还是会无精打采。

想让灰发变好看，最便捷的方法就是去理发店。一开始理发师可能会选择挑染，给灰发稍微着一点色，使它们夹杂在黑发间；或者剪一个可以遮盖白发较密集的部位的发型。此外，自己平时也要对头发进行一些护理（具体方法参照下一页内容）。

如何在家中护理灰发

* 护理的关键在于防止头发干枯

* 头发泛黄也要引起重视

* 建议使用灰发专用的精华染发剂

想让一头灰发保持美观，建议大家不仅要经常去理发店，平时在家中也要仔细护理。而且，在家中做护理，要比之前没长灰发时更仔细。经常梳头，并且按摩头皮，促进头皮的血液循环是最基本的护理。除此之外，头发变白后，水分会减少。因此，护理头发的关键在于防止头发干枯。如果头发有些干枯，建议使用添加了氨基酸的抗衰洗发水，然后使用精华素养护并修复头发。用吹风机吹干头发时，涂抹免洗型发乳或发油，充分锁住头发的水分。

有时头发的颜色还会逐渐泛黄。这时建议去理发店护理，或者尝试一下灰发专用的精华染发剂或护发素。

灰发专用的精华染发剂能将白发染成自然的灰色，从而遮盖泛黄的部分，而且还可以让白发与染过的头发不再"泾渭分明"。使用方法和普通的精华染发剂（参照第122—123页）相同，连续使用数次后可改为每周染一次。

适合灰发乍现时的发型

把发尾烫出时尚的卷曲，让整个人看上去更活泼。这个发型适合发质软、头发贴头皮的人群。

这个发型适合想把头发打造出蓬松感的人群，会显得整个人很优雅。

136

梳长发的人，可以烫一个略带灵动感的卷发，然后再挑染一下，给头发稍微着色。脸侧的头发带些灵动感，会有"减龄"效果。

把黑白相间的头发一部分染成亮色调，一部分染成暗色调，让两种色调彼此相融。然后把头顶和耳边的头发打蓬松，呈现清爽的气质。

137

适合轻熟女的短发会让灰发更好看。建议经常修剪头发,保持美观。

菱形的短发造型给头顶和脸两侧头发带来灵动感,有"减龄"效果。

将容易扁塌的波波头的发尾烫卷，会使头发看上去更轻盈。也可以在发尾涂抹发蜡，打造灵动感。

梳长发的人，建议将刘海打薄，保持头发整体的平衡感。发尾烫卷则会显得整个人很有气质。

戴假发解决发量少的烦恼,简单方便

* 戴假发套,不如戴假发片

* 全部是人造毛的假发看上去会不自然

* 尽量不要买造型夸张的时尚假发

有些人早上实在抽不出时间来做造型，还有些人自己怎么都没法把头发做出蓬松感，正为发量少而烦恼。这时不妨尝试一下假发。

假发也有各种各样的类型，其中假发套能够改变发型，但如果和头形不合，戴起来不服帖，就会显得很不自然。建议购买前一定要试戴，选择最适合自己的假发。那些造型夸张的时尚假发价格都比较便宜，一般由会发光的人造毛制成。这样的假发和轻熟女的日常穿搭很难相配，会使气质大打折扣。

因此，不如选择价格适中的、只戴在头顶的假发片。建议选择与自身头发颜色和质感相似的假发片，戴起来更加自然。这样所花的钱肯定要比整体假发套少，还能买到优质的产品。大家可以根据自己的发型，来选择假发片的长度和造型。

有些厂商潜心研发出的产品，戴上去显得非常自然，甚至能让人忘记自己戴的是假发。这些产品质感轻盈，但价格也很昂贵。建议大家一开始戴假发时，要抱着试一试的心态，选择价格适中的产品就好。

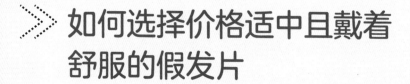

如何选择价格适中且戴着舒服的假发片

* 选择真头发和人造毛混合
  的、价格适中的假发片

* 戴上假发片后，用手机拍照，
  看看戴着是否服帖、自然

* 要经常保养假发片

市售的假发片通常分为只含真头发、只含人造毛及真头发和人造毛混合3种类型。太便宜的产品一般只含人造毛，质量比较差，建议选择真头发和人造毛混合的、价格适中的假发片。虽然也有戴着很舒服的、高性能的定制假发，但初次尝试，还是建议从价格适中的假发开始。这样一来，就算戴着不合适，也不会有太大的损失。有些假发戴起来会不太舒服，建议购买时一定要到店里试戴一下。

人造毛制成的假发，洗过晾干后会有些缩水，建议挑选耐热性能较好的产品；如果准备每天都戴假发的话，建议购买洗后不会变形的优质产品。有些产品和头发的颜色很相衬，但质感却不相配。因此，戴上假发后可以用手机拍一张照，看一看颜色和质感是否相衬。除此之外，还有考虑戴着是否太紧，是否舒适，会不会被风吹跑，脱戴是否方便，等等。

出汗时假发会产生异味，也有可能会被头发缠住，因此需要经常保养。摘下假发后要用梳子梳顺，防止变形，然后收纳好。如果每天都戴假发片，最好每个月清洗并护理两次。

戴上假发片后稍作修剪，会更显自然

* 把假发片带去理发店

* 戴上假发片后用梳子理顺

* 确定戴假发片的位置后，用手机拍照确认

戴假发片的诀窍

固定好假发片后梳顺，让假发和真头发融为一体。头发长长后，还需要把假发片带去理发店，让理发师根据假发片修剪真头发。

戴上假发片后稍作调整，会显得更自然。也可以把假发片带去理发店，让理发师稍作修剪。这个时候一定要注意，需要修剪的是自己本身的头发，而不是假发片。让理发师根据假发片来修剪你的真头发。

虽说是假发片，但戴的位置不一样，有时会给人截然不同的感觉。因此，建议确定戴假发片的位置后用手机拍照看看，直到找到最舒适、最合适的位置。不同的假发片，戴法也各有不同，戴之前先轻轻地梳一下假发，戴好后再用排骨梳整体轻轻地梳理一下，让假发与自己的真头发融合在一起。

特别鸣谢

装帧设计：谷由纪惠
内文插画：miya（人物）GARIMATSU（头发）
摄　　影：松木润
采访组稿：中野明子

快读·慢活®

　　从出生到少女，到女人，再到成为妈妈，养育下一代，女性在每一个重要时期都需要知识、勇气与独立思考的能力。

　　"快读·慢活®"致力于陪伴女性终身成长，帮助新一代中国女性成长为更好的自己。从生活到职场，从美容护肤、运动健康到育儿、家庭教育、婚姻等各个维度，为中国女性提供全方位的知识支持，让生活更有趣，让育儿更轻松，让家庭生活更美好。